阿德勒给孩子讲勇气

[奥]阿德勒 —— 著　读书堂 —— 编译

苏州新闻出版集团

古吴轩出版社

图书在版编目（CIP）数据

阿德勒给孩子讲勇气 / （奥）阿德勒著 ； 读书堂编
译. -- 苏州 ： 古吴轩出版社，2024. 6. -- ISBN 978-7-
5546-2399-2

Ⅰ. B848.4-49

中国国家版本馆CIP数据核字第2024LX7449号

责任编辑：俞　都
见习编辑：胡　玥
策　　划：仇　双
封面设计：末末美书

书　　名：**阿德勒给孩子讲勇气**
著　　者：[奥]阿德勒
编　　译：读书堂
出版发行：**苏州新闻出版集团**
　　　　　古吴轩出版社
　　　　　地址：苏州市八达街118号苏州新闻大厦30F
　　　　　电话：0512-65233679　　　邮编：215123
出 版 人：王乐飞
印　　刷：天宇万达印刷有限公司
开　　本：670mm×950mm　　1/16
印　　张：10
字　　数：105千字
版　　次：2024年6月第1版
印　　次：2024年6月第1次印刷
书　　号：ISBN 978-7-5546-2399-2
定　　价：49.80元

如有印装质量问题，请与印刷厂联系。0318-5695320

在成长的过程中，我们会遇到许多困难，如何更好地解决生活中的这些难题呢？这就要说到勇气了。

提升勇气是我们成长过程中非常必要的一课。为了获得无畏的勇气，我们从心理学家阿德勒的经典心理学巨作《理解人性》出发，来充分地认识自我，认识勇气的来源。

阿德勒是出生于奥地利、对后世影响非常深远的著名心理学家、心理治疗大师和儿童教育家。他的著作《理解人性》旨在让普通大众也能熟悉个体心理学的基本原则，从而更好地认识自己和他人，解决现实问题。

在阿德勒的原著中，我们会看到很多涉及日常关系的心理学知识和它们的实际应用，这些日常关系包括人与世界之间的关系、人和他人之间的关系、人与个人生活组织之间的关系。同时，书中还指出了我们的错误行为会给我们的生活带来什么样的影响。

《理解人性》这本书中的内容，能教会我们用勇气和能力识别自身的错误，让我们学会做出正确的调整，突破内心的藩篱，学会与他人及社会和谐相处。

为了让小读者更好地理解人性，找到自己的勇气，本书对阿德勒原著的内容进行了更加精细的筛选，分别从精神、环境、见识、自卑、目标、性格、嫉妒、逃避、勇气这九个与我们息息相关的方面进行了诠释。

为了让枯燥难懂的心理学知识变得生动有趣，提升小读者的阅读兴趣，本书在高度遵循原文的前提下，做出了一些创新。

一是采用了更加通俗易懂的儿童化语言。为了更适合小读者阅读，本书对那些晦涩、专业的心理学术语都进行了趣味化处理，小读者再也不用为生僻、难懂的文字头疼了。

二是对内容进行了漫画式演绎。通过九宫格漫画展示了各种心理场景，让小朋友们在趣味中感受人性、理解勇气；对于阿德勒为我们讲解的"人性"的道理，我们还配上了插图，这些贴近现实生活的插画，能让我们更好地理解人性和勇气。

三是设置了丰富的板块。本书既有对每个知识点提出的疑问和进行的解答，也有阿德勒为小读者阐述的道理和提供的建议。这样，小读者就可以更加清晰地了解每一个心理学知识。

当我们学会用无畏的勇气摆脱消极心态、走出困境、拥抱他人与社会的时候，我们就能收获成长、友谊与无尽的希望。

目 录

第九章 勇气：让我们越成长越优秀

第一章

精神：我们勇气的来源

01
为什么我们拥有精神

"精神"是一个很抽象的词，可以指人的思想感情，也可以指人的意识等，但从生物学的层面上来讲，精神是动物与植物的分界线。"现代自我心理学之父"阿德勒认为："唯有会自由运动的、有生命的生物才能拥有精神。"也就是说，精神和自由运动息息相关。如果一个生物牢固地扎根于大地，那么它是不需要拥有精神的；而人类的独特之处就是需要四处活动。

> 妈妈，每个人都拥有不一样的精神世界，那动物和植物会有精神吗？

> 这……

你可能存在的疑问

> 小鸟有精神吗？把它关在笼子里，它会悲伤吗？

> 会动的植物有精神吗？比如捕蝇草。

> 捕蝇草虽然会动，但它不会走。

内心世界的任何表现都与运动有关

在生活中，我们要牢记，内心世界的任何表现都与运动有关。当遇到所有和位置变动有关的问题时，我们都需要认真思索，积累经验，形成记忆，这样才能顺利地把问题解决，并提升自身生存的能力哦！

啊！怎么又走回来了？

冷静！我们先回忆一下走过的路，再思考突破口。

运动让精神保持强大与活力

瞧，他多懒啊！没有一点儿活力！

每天躺着，真舒服啊！

说得太对了，我们可不能像他一样。

我们的精神和运动存在着密切的关系，自由运动的能力决定了我们精神的发展和进步。这种能动性一方面可以刺激我们的精神，让精神变得越来越强大；另一方面还可以让精神长久地保持活力，使精神永远处在动态之中。

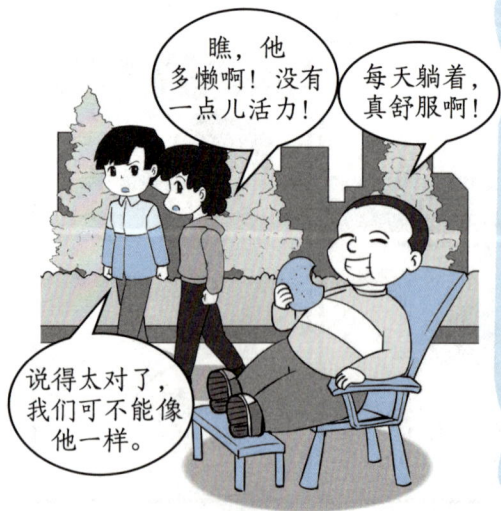

阿德勒给孩子们的建议

如果有人声称植物能预感到自己在劫难逃并为此感到万分痛苦，这一定不是事实。因为植物压根儿不可能拥有运用意志的能力，理性和意志也根本不可能出现在植物身上。那些动画片中和绘本故事里鲜活的植物形象都是人们想象出来的，小朋友们一定要明白这一点哦！

02
保持精神上的积极

　　小朋友们，你们一定在书本上学过许多先辈们的事迹，领略过他们的精神。那么，你们知道精神对我们有着怎样的作用吗？关于这个问题，可能每个人心里的答案都会不一样。我想告诉大家的是，精神生活是一种既积极进攻又寻求安全的心理活动，它可以保护我们在地球上持续地生存并获得安全的发展。所以，保持精神上的积极是一件很重要的事情哦！

> 爸爸，是怎样的精神让先烈不畏牺牲？

> 是为了国家、人民的安全……

你可能存在的疑问

> 情绪好激昂啊！他们能扭转战局吗？

> 哇！为什么有的人一看就很有气质？

瞧你一点儿精神也没有，难怪什么事都做不好。

精神真的那么有用吗？

精神上积极，才能做好事情哦！

只要精神不落后，我也能又快又好地完成作业。

只要思想上敢想，你就有勇气突破自己。

真不敢相信，我真的跳过来了。

小朋友们，保持精神上的积极，真的很重要哦！

精神活动与生活环境密切相关

我们每个人的精神活动都不是孤立存在的，而是与我们生活的环境息息相关的。精神活动一方面会受到外部环境的影响，另一方面也会对外部环境的影响作出回应。比如，我们去排队，看到排得长长的队伍时，心情就容易烦躁。

> 妈妈，我不想等了，我不去了。

> 再耐心地等一等，马上就进去了。

精神活动与身体有着紧密联系

我们的精神活动与身体也是存在联系的。比如，一个人看起来很有气质，不仅表现在精神上，还表现在身体行为上。当然，这种联系是相对的，不是绝对的。

> 我猜壮汉赢！

阿德勒给孩子们的建议

在生活中，如果我们不幸在某件事或某一阶段中处于劣势，也并不一定是坏事，只有环境才能决定这是利还是弊。例如，在小组讨论时，有的小朋友安静内敛，难以引起他人关注；然而，在需要独立思考和冷静分析的场合中，这种性格却能发挥独特的优势。

03

精神活动离不开目标的指引

精神世界是丰富多彩的，为什么我们每个人所拥有的精神都不一样呢？这主要是因为每个人的精神活动取决于自己的生活目标。一个人有了目标，才会去思考，去感受，去渴望梦想……我们的一切精神活动都是在为未来的处境做准备。因此，只要了解一个人的目标，就可以看清他的很多行动和表现了。

> 因为小沐要在考试中拿第一，是目标让他废寝忘食地学习。

> 为什么小沐满脑子都是学习？

你可能存在的疑问

> 这位企业家性格温和、沉稳……

> 是什么让他如此专注地学习？

> 这些描述真的有必要吗？

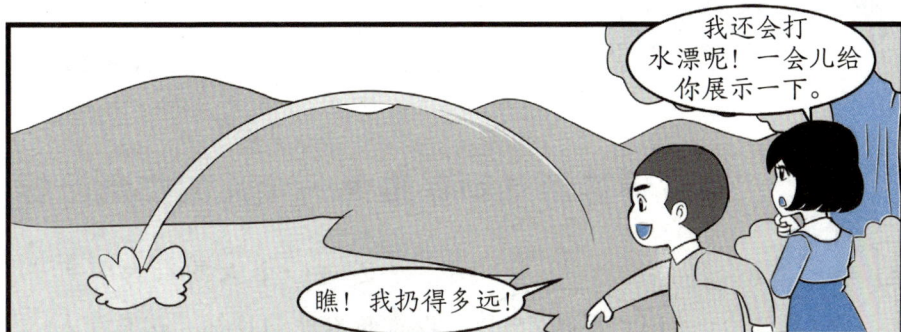

通过精神活动可以推断一个人的生活目标

> 一起回家啊！

> 你先走，我跑步去。

> 最近这些天都能看见她跑步，她一定是要参加学校的田径赛。

通过一个人的行为，可以推断出他的目标，这是深入了解一个人的有效方法。我们可以观察一个人的多种行为，然后将它们进行比较，并串联起来，这样就可以获得直观的整体性认识，就能更加深入地了解这个人。

我们的很多精神反应都是暂时的

我们做出的很多的精神反应并不是绝对的或最终定型的反应，而是暂时的。比如，有些孩子的心思和情绪总是变化得很快，这些表现都是精神对身边环境做出的临时性反应，就如前一秒还争得面红耳赤，下一秒就和睦嬉笑。

阿德勒给孩子们的建议

　　一个人的性格和行为会受到父母的影响，所以我们会和父母有很多相似的性格特征和行为。但是，我们不能因此就放弃改变那些不好的性格或行为，只有从小培养良好的性格和行为习惯，长大后才会拥有优秀的品质，才能更受人欢迎。

04
为什么精神会受到社会的约束

怎样才能了解一个人的行为和思想呢？你可以从他与别人交往的方式入手。一方面，人和人之间的关系遵循一定的自然规律，且始终处于变化之中；另一方面，人与人之间的关系还受到一些固定的制度或习俗的影响。所以，只要了解了一个人处理人际关系的行为模式，搞清楚了这些社会关系，自然也就能了解他的精神活动了。

瞧！新来的同学好神秘啊！如何知道他是怎样的人呢？

我们可以通过观察他和别的同学的交往来推断。

你可能存在的疑问

一个人可以对集体产生巨大的影响。

不对，只有集体能对个人产生巨大的影响。

咱们是一个小组的。

大家要尽全力才行哦。

我们组一定能取得好成绩。

精神是应对恶劣环境的利器

早安，先生！今天天气真好，不是吗？

早安，先生。

一个失去双腿的人还能开心、快乐，我还有双腿，我是多么富有！

在日常生活中，当面对恶劣的环境时，我们该怎么办呢？这就需要精神来弥补身体不够强大的缺陷。有了精神，我们才会思考、会感知、会行动，从而更好地生存下去。

语言在精神发展中的重要作用

清晰、流畅的语言是我们在社会生活中的一个重要工具。语言把人和其他动物区别开来。有了语言，我们才能交流。借助语言，我们才能建立起概念，理解价值观之间的差异。

猩猩没有语言，所以不如人类聪明。

为什么猩猩没有人类聪明呢？

阿德勒给孩子们的建议

　　学会遵守社会规则，我们才能更好地生活。无论是法律法规，还是一些风俗习惯、教育观念等，都必须适应人类社会的发展。一个人的性格也是如此，只有适应社会群体生活才有价值。比如理性、正义、责任心、忠诚等，就被看作是最具有价值的性格特征。所以，小朋友们在平时一定要遵守社会规则哦！

第二章

环境：塑造我们的勇气

01

我们成长的社会环境

在成长的过程中，我们会遇到各种困难。这些困难会让我们感到烦恼、痛苦。但其实，这些困难也可以锻炼我们的能力，提升我们的勇气，让我们可以更好地生活。如果你实在不知道该怎么办，可以寻求爸爸妈妈的帮助，有了大人的帮助，你的需求就可以得到更好的满足哦！

妈妈，快帮帮我。

这个积木太复杂了，要有耐心，我们一起来完成吧！

你可能存在的疑问

妈妈，为什么我不能一个人去学校？

你还小，万一遇到坏人怎么办？

哇！要是我也能给大家安排任务，一定很棒！

大家听明白没有？

不同的行为趋势会发展出不同的人格类型

一个人在小时候表现出来的行为趋势会发展出不一样的人格类型。比如：有的孩子渴望获得像大人一样的力量和勇气，他们的人格就会变得成熟；而有的孩子认可自己的弱小，他们就会变得喜欢依赖他人。

> 妈妈，我害怕，我不想玩。

> 你要像那位哥哥一样勇敢！

不良的环境会对精神与心理产生负面影响

在成长的过程中，环境对我们的影响是巨大的。不同的成长环境，会让我们的性格也大不相同。如果身边的环境非常不友好，我们的精神也会变得很糟糕，甚至还会产生整个世界对自己充满敌意的想法。

> 可恶，太可恶了！

阿德勒给孩子们的建议

　　小朋友们一定要认识到不良环境对心理的危害。当一种环境让你感到压抑、难受的时候，不妨先离开，这样心情才会更快好起来哦！

02
犯错会让精神不断成熟吗

每个人都会犯错，犯错是相当自然的一件事情。在成长的过程中，会出现许多困难，年幼的你还没有足够的技巧和能力去应对这一切，因此很多时候不能做出正确的反应。不过，如果你可以对这些错误进行深刻的反思，那么你的精神就会不断地尝试去寻找正确的答案，从而促进自身的进步哦！

都怪我太好奇了，没有拿住花瓶。

碎了就碎了，下次一定要拿稳了。

你可能存在的疑问

水藻有玻璃罩的保护，生长得多好啊！

人要是也有玻璃罩保护着，该多好啊！

老爷爷的精神真强大！为什么他这么乐观呢？

阿德勒有话讲

成长中的困难会阻碍一个人社会感的发展

一个人在成长的过程中，如果遇到家庭条件不太好、家庭关系不良，或者自身有缺陷等情况，那他处理人生问题的能力就有可能比别人弱。就像一个语言发育迟缓的人一样，他的精神要承受比正常人更多的痛苦，这些都会影响他的社会感的发展。

> 我们一起去参加读书讨论会吧!

> 我……我……不想……去

适度的温情教育才能带来心理上的健康

> 哥哥，扶我一下。

对我们来说，温情教育不仅仅是父母和老师的关心与照顾，更是一种让我们学会如何与人相处、如何理解和表达爱的教育方式。在享受温情教育滋养的同时，我们也要学会独立和坚强，勇敢地面对生活中的困难与挑战。

阿德勒给孩子们的建议

我们要正确看待生活中的困难，不要一味地期待事事顺心。如果成长道路上的一切障碍都被爸爸妈妈扫清了，我们在友好、舒适的环境中安逸地生活，那么我们自身的能力就会被削弱，这可不是一件好事。因为总有一天我们要走出"温室"，到时候就会遭受难以想象的挫折。所以，从现在开始，不要害怕困难，要勇敢地面对它，这样，我们就会越来越强大。

03

人与生俱来的社会属性

小朋友，你知道怎样才能了解一个人的性格吗？其实，任何一个人的性格都与身处的社会环境息息相关哦！比如，你在环境中处于什么位置，面对困难时抱着怎样的态度，和同伴交往时如何协作等等，这些都会从小影响你对生活的态度以及你性格的形成。也就是说，我们每一个人都会受到社会的影响。

> 妈妈，我喜欢一个人玩。

> 宝贝，你要学会融入集体，这样才能健康成长。

你可能存在的疑问

> 妈妈，为什么您总是要我出去多交朋友呢？

> 为什么每个人的行为都不一样呢？

> 人是社会性动物，多与人交往，才能促使自己进步哦！

> 因为……因为小时候的经历会影响人一生的处世态度……

精神活动会受到社会关系的影响

你还记得小时候的事情吗？从出生的那一刻开始，你从外部世界获得的一切印象都会对你未来的人生态度产生不可磨灭的影响。在成长的过程中，你的精神活动也会受到各种社会关系的影响。

是我错了吗？好孤独啊！

一个人的社会感是不断变化的

社会感是指与他人和谐生活、友好相处的潜能。它深深地根植在我们的心里，它有可能会被埋没，也有可能会被激发。比如，看见比自己弱小的人被欺负了，你可能会视而不见，也可能会出手相助。

小明被欺负了，我要帮他吗？

阿德勒给孩子们的建议

　　人一出生就与他人产生了关系，这就是我们所说的人具有社会属性。我们的任何活动都不能独立于社会之外，否则就很难生存。一方面，社会有利于我们的生存，比如当你想吃树上的桃子时，一个人摘不到，但是几个人配合就很可能摘下桃子。另一方面，社会也会规范我们的行为，比如乘坐公共汽车时，大家都在排队，你也会自觉地去排队。

第三章

见识：为我们增长勇气

01

怎样认识我们生活的世界

每一个人都需要适应环境，这就要求我们的精神具备对外部世界形成整体印象的能力，即我们对世界的认知能力。如果想要更深入地了解这个世界、丰富我们的精神世界，就必须进行自由探索。比如，一个婴儿在学会走路的那一天，就进入了一个全新的世界。在这个世界里，他会遇到各种困难，这些困难会影响他对世界的看法。

> 爸爸，我要远行去认识世界。

> 认识世界的方式有很多，不一定要远行，看书也可以哦！

你可能存在的疑问

> 如果眼睛看不见了，那要怎么认识这个世界呢？

> 妈妈，为什么同桌又食言了？这个世界是善变的吗？

> 宝贝，这个世界是复杂的，我们需要用心观察。

身体缺陷会影响一个人认知世界的方式

大多数人都是通过眼睛、耳朵等器官来了解这个世界的。如果一个人发育迟缓或者体弱多病，那么他的内心很容易产生自卑感和障碍感，他对世界的认知也会与普通人产生差异。

为什么没人帮我一下，是因为我有什么缺陷吗？

感觉器官可以帮助我们形成世界观

爬山真累。

看！这一路全是美景。

要好好欣赏沿途美景哦！

我们对世界的认识是借助感觉器官获取的，感觉器官可以帮助我们形成世界观。在所有的感觉器官中，眼睛是最重要的。相较于耳朵、鼻子、皮肤等仅能感受瞬间或短暂的刺激，眼睛获取的视觉印象更加深刻，因此我们通常借助眼睛来观察世界。

阿德勒给孩子们的建议

无论是通过感觉器官，还是通过运动器官来接触世界，我们要做的都是利用自身的优势器官收集周围的环境信息。如果你善于用眼睛观察人和事物，那就充分发挥视觉的优势；如果你善于倾听，那就发挥听觉的优势。总之，用自己擅长的方式感知自己所处的客观世界，我们就会发现生活中的美好与意义。

02
你知道形成世界观的要素吗

我们生活在一个共同的客观世界中，如果想要对这个世界形成一定的认识，就必须具备一定的心理认知能力。也就是说，你拥有怎样的心理认知能力，就会形成怎样的世界观。那么，如何才能更好地认识这个世界呢？我们可以通过知觉、记忆、想象来构建自己的世界观。

> 用我们的知觉、记忆、想象去理解这个世界吧！

> 世界这么大，每天都在发生变化，要怎样看待这个世界呢？

你可能存在的疑问

> 瞧！这根筷子为什么看起来是弯的，可实际却是直的？

> 难道眼睛会欺骗我们？

> 我记得有一次犯错了，被妈妈打得很凶！

> 我也记得，为什么我们都记得挨打的事呢？

老师，什么是世界观呀？

老师，我和他的看法经常不一样，世界观是怎样形成的呢？

世界观，就是你对世界上的事物的看法。

知觉、记忆、想象是形成世界观的三个要素。

所以知觉、记忆、想象迟钝的人，对事物的看法也会落后。

每个人的世界观都是独一无二的哦！

不对！别以为学习好，世界观就更高明。

知觉是想象和记忆生成的前提

知觉是我们对外部世界的整体认知。感觉器官将外部世界的刺激传送到大脑，然后生成想象和记忆。我们拥有敏锐的知觉，但却无法感知看到的一切。另外，每个人眼中的世界都不同，就算是看着同一景观，不同的人也会有不同的反应，形成的认知也截然不同。

> 我觉得那朵云明明像一只兔子。

> 看，那朵云多像一只羊啊！

> 写篇作文，半天都没想出一个字？

> 课上观察了蚂蚁搬家，老师要我们发挥想象，写一篇作文。太难了！

想象是知觉体验的再现

想象是知觉体验的一种再现，它不是对知觉的简单重复，而是在知觉基础上形成的全新、独特的产物。也就是说，想象比知觉更加丰富，有了想象，我们能更好地认识这个世界。

阿德勒给孩子们的建议

你出现过幻觉吗？幻觉的出现主要是由巨大的精神压力或者极度的恐慌导致的。比如，有时候走路，明明身后没有人，但你总觉得后面有人跟着你，这其实就是一种由害怕造成的幻觉。因此，如果你时常出现幻觉，那就要注意多休息了。

03

幻想让我们更有创造力

每个人都会幻想，因为我们总是关注未来，希望能够获得自己想要的。幻想虽然跟白日梦一样，属于"空中楼阁"，却是我们精神富有创造力的一种体现。我们可以从幻想中获得力量，甚至借助幻想来成长。可见，幻想对我们来说并非坏事，有时候它也可以为现实生活提供动力。

> 我长大之后，要成为……

> 醒醒!
> 别做白日梦了!

你可能存在的疑问

> 我的幻想一定会实现的。

> 你那是白日梦，根本实现不了。

> 总有一天我会做出能飞的飞机。

> 幻想真的能激励人吗?

权力是幻想中最主要的追求对象

很多时候，我们追求的目标始终充斥在幻想中，比如权力。许多孩子在描述自己的幻想时，都是以"我长大后要……"之类的话语开头。可见，我们每个人都会产生变优秀的愿望，并希望获得认可和社会地位。

幻想与社会情感息息相关

幻想与爱、归属感等社会情感是紧密相关的。比如一个有着强烈自卑感或者在家庭中得不到足够的爱和温暖的人，经常会幻想自己成为救世主或英勇的骑士，从而去战胜邪恶；他甚至还会幻想自己不属于现在的家庭，有一天会被某个重要的大人物接走。

阿德勒给孩子们的建议

　　每个孩子都拥有想象力，如果有人说你缺乏想象力，不必过于在意。因为你可能只是不善于表达自己；或者出于某些原因不愿表露自己的幻想；或者你适应环境的能力强，从心里觉得幻想就是一种懦弱的行为，所以不喜欢陷入幻想中。

04
什么是同理心和认同感

如果说心灵可以感知到真实存在的事物，你会相信这是真的。但如果说心灵还可以感知并预测未来发生的事情，你可能就会产生疑问了：心灵真的有这么神奇吗？其实，心灵的这种预测未来的能力就是我们常说的同理心或认同感。这两种能力在我们身上非常发达，已经渗透到了心理活动的各个方面，可以说，我们的精神活动已经离不开同理心和认同感。

> 真是一件伤心的事情，我陪你一起坐一会儿吧！

你可能存在的疑问

> 太夸张了吧！为什么球队输了，你哭得这么惨？

> 难道不认同，就不能在一起玩了吗？

同理心让我们在交往中互相理解

真没意思，我说什么都要反驳我！

总是和我争论，一点儿也不好玩。

我们每个人都会与他人进行交往，在交往的过程中，正是因为有同理心的存在，我们才可以互相理解对方。否则，我们与任何一个人都很难继续交流下去，也不可能成为朋友。

别走啊……

每个人的同理心都存在差异

就像社会情感一样，每个人的同理心也是有差别的，这些差别在人们小时候就出现了。比如，有的孩子会虐待动物，这就是缺乏同理心的表现。

好可怜的小猫，我们给它一点儿吃的吧！

瞧！多脏啊，还是远离它吧！

阿德勒给孩子们的建议

　　一个人拥有同理心，就能设身处地地对他人的情绪和情感感同身受。在生活中，有同理心的人大多是善于体察他人意愿、乐于理解和帮助他人的人。这样的人最容易受到大家的喜欢，也最值得大家信任。而缺乏同理心的人，通常仅考虑自己，对别人的任何情绪都漠不关心。小朋友们，你们一定要做一个有同理心的好孩子哦！

05
一个人如何影响另一个人

为什么我们每个人的行为都会对他人造成一定的影响呢？个体心理学认为，这种现象其实是我们心理活动的产物。人与人之间相互影响，才会有社会生活的存在。就像老师和学生、父母和儿女之间那样，相互之间的影响是非常突出的。

不要让别人的行为影响自己，开心一点儿！

你可能存在的疑问

有其父必有其子，一点儿也不假啊！

天哪！催眠师是怎么让患者入睡的呢？

被他人影响的程度与对方的态度有关

你的假期计划得听我的安排。

为什么我不能有自己的想法？

虽然我们都会受到他人的影响，但如果感到被他人伤害，那么我们一定不会接受对方的意见，对方对我们的影响也不会持久。我们会本能地反抗、远离对方的伤害。相反，如果感到被尊重，我们会更愿意接受他人的观点。

受暗示影响的程度与一个人的独立性有关

所谓暗示，就是通过言语和非言语手段让被暗示者心中的观点发生改变，从而接受暗示者的观点。通常，那些不管对方观点是否正确，依旧重视他人观点的人，容易受到他人的暗示的影响。而那些只在乎自己的观点，对别人的见解漠然置之的人，则难以受到他人的暗示的影响。

这么差的方案，我才不举手赞同呢！

阿德勒给孩子们的建议

　　人是一种极易服从的动物。生活中，我们不要习惯于对所谓的权威盲目服从，而是要理性地对当下的情况进行审视和分析。另外，也要谨防被他人愚弄、蒙骗或被虚张声势给唬住。只要你习惯于理性生活，善于自己做决定，那么，你是很难被人欺骗的，也不容易受到别人的影响。

第四章

自卑：削弱我们的勇气

01

自卑心理与成长环境有关吗

小时候的成长环境会影响我们对待生活的态度。比如那些生活在缺乏勇气、弥漫着悲观情绪的环境中的人，通常很难用积极的心态面对困难。可见，不好的成长环境会影响一个人的心理健康。

唉，我永远也打不了球了！

你 可 能 存 在 的 疑 问

为什么每个人拥有的东西都不一样呢？

我什么时候才能独立起来呢？

每一个孩子都具有可塑性

独特的身体潜能让每一个孩子都具有可塑性。不过，有两个因素会影响可塑性，一是过度的、抹不去的自卑感，二是过强的进取心和控制欲。消除这两个不良因素，才能避免误入歧途，健康快乐地成长。

妈妈，我一定可以改正的，请相信我。

妈妈相信你，你一定不要食言哦！

嘲笑会对人的心理产生巨大的负面影响

你是否有过被人嘲笑的经历？这种滋味相当不好受，会对一个人的心理产生无法估量的影响，甚至影响人长大后的行为。嘲笑带给人的恐惧是长久的，因此，不要嘲笑别人，并且要远离嘲笑你的人，这样才能获得身心的健康。

瞧，你这短发剪得多像锅盖啊！

阿德勒给孩子们的建议

你经常听到谎言吗？你知道谎言会对一个人产生怎样的危害吗？如果你总是被谎言包围，那你就要注意了，谎言听多了，会让你对周围的环境产生不信任感，甚至对生活的严肃性和真实性产生怀疑。因此，小朋友们一定不要说谎，同时也要远离爱说谎的人。

02

我们都渴望获得认可和优越感

我们从小就渴望受到别人，尤其是父母的关注，这一方面是为了获得认可，另一方面则是为了追求优越感。比如，很多时候，我们会通过一些引人注目的行为来引起身边人的注意，或者通过完成一些事情来获得大人的认可，一旦达成了目的，我们的心里就会产生优越感。其实，每个人都会有这样的心理，获得认可和优越感还可以很好地消除心理上的自卑。

> 我一点儿也不比别人差。

> 被表扬了也不用这么高调吧！

你 可 能 存 在 的 疑 问

> 妈妈，我总觉得学习不如别人，应该怎么办呢？

> 给自己定一个目标，然后去实现它。

> 他看起来一点儿也不自卑，为什么我会自卑呢？

教育可以帮助我们消除不安全感

自卑感容易让人产生不安全感，而教育可以很好地消除不安全感。比如，通过接受教育，我们可以学习一些独立生活的技能，学会以独特的视角看待世界，以及学习如何融入团体、促进社会感的发展，这些都可以帮助我们消除不安全感和自卑感。

太高了，一定爬不上去，我可不玩！

虽然有点高，但我一定可以攀到顶！

自卑感引发的补偿心理

一个人自卑的时候，其精神会全部集中于消除自卑。比如，去追求权力和优越感，希望站在权力的巅峰，这都是为了摆脱自卑带来的痛苦。不过，如果不能适度，为了达到目的不择手段，就会形成病态的心理。

哼！我一定会超越你们的！

阿德勒给孩子们的建议

　　当面对性格或身体有缺陷的人时，你最好不要表现出不友好的态度，而是应该把他们当作朋友对待，这样可以给他们营造一个与他人平等交往的氛围。同时，你的表现也体现了你良好的教养，这是非常值得称赞的行为。

03

人的行为模式从小就固定了吗

如果用一条曲线来描述一个人从小到大的行为，你是不是觉得很荒唐？的确，过度简化和小看人类的命运是不恰当的。但是，一个人的行为模式在成长的过程中只会发生微小的变化，本质的内容、精神则一直保持不变。换句话说，小时候的生活环境和经历会影响我们的世界观和人生观。

> 妈妈，什么是本性难移啊？

> 人一旦养成了不好的习惯，就很难改变。

> 所以，从小树立正确的人生观和世界观非常重要。

你可能存在的疑问

> 我才不信，现在的坏习惯一定会带到以后吗？

> 七岁看老，你这坏习惯不改，以后肯定是个邋遢的人。

> 妈妈，现在努力读书和不努力读书，对世界的看法会不一样吗？

> 当然会不一样了。努力读书，你才会有更科学的世界观。

阿德勒有话讲

行为模式是一个坚不可摧的统一体

老师说你很用功，可我一点儿也不觉得。

在老师面前肯定要表现得好一点儿呀！

如果想要了解一个人的一些矛盾行为，我们就必须对他进行一个整体的分析。比如，有的孩子在家和在学校的表现完全不一样，这就很难判断他真正的性格。也就是说，一个人的心理活动不是单一的，而是有多种可能性，只有对这些心理活动指向的整体目标进行分析，才能真正了解一个人。

行为会受到生活目标的制约

我们所有的行为都是以对一个生活目标的追求为基础的，而且会受到该目标的制约。比如，为了考100分，我们需要把更多的时间花费在学习上，为了实现这个目标，我们不能再随意地想玩就玩。明白了这一点，我们就能更好地避免可能犯下的错误。

好球！好球！

等我考完试，我一定要去痛快地踢一场。

阿德勒给孩子们的建议

你经常为爸爸妈妈纠正你的行为而苦恼吗？你觉得明明无关紧要的行为，他们却要小题大做。其实，一个人小时候的行为对其以后的影响是非常巨大的。我们对待生活的态度是从小时候开始形成的，如果小时候不改变那些不良的行为，就会将坏习惯一直带到成年，给未来的生活带去更多麻烦和苦恼。

第五章

目标：为勇气提供动力

01

为什么游戏对成长很重要

你喜欢玩游戏吗？游戏带给你怎样的快乐呢？小小的游戏对一个人的成长可是有很大帮助的哦！游戏不仅仅是童年生活的快乐源泉，也是你为未来生活所做的准备。游戏有助于你的心理发展，是你的想象力和生活技能的刺激源。

> 喜欢就大胆地去加入吧，游戏对你的成长很有帮助哦！

> 爸爸，我也喜欢玩游戏！

你可能存在的疑问

> 宝贝，别玩了，快去写作业吧！

> 爸爸说玩游戏很有益处，那玩耍和作业要怎么选呢？

> 爸爸，您总是说棋如人生，可是这下棋到底对人生有什么影响呢？

> 这……这……

这个搭法很有创意。

爸爸，太感谢您了，能这么耐心地陪我一起玩。

游戏是成长中必不可少的教育工具哦。

游戏虽好，但也要注意时间，不影响学习才好。

妈妈，这次积木的形状就由您来设计吧。

给我出难题，是难不倒我的。

通过观察一个人对游戏的态度，就可以看出他对生活的整体态度哦！

游戏是一种社会实践

游戏的一个重要意义是，它可以成为一种社会实践，可以展示和提升我们的社会感。如果一个孩子不喜欢游戏，说明他缺乏适应生活的能力，他害怕在游戏中出丑，为了隐藏自己的弱点，所以干脆不参加游戏。而积极参加游戏的孩子，则可以获得更好的锻炼。

> 这位同学，你为什么不去踢毽子呢?

> 我腿脚太笨，总是踢不中，害怕出丑。

获得优越感、展示天赋是玩游戏的目的

> 宝贝，没想到你的手这么巧，这衣服做得真好看!

在玩游戏时，我们都喜欢抢着当头儿指挥别人，这其实是获得优越感的表现。另外，通过游戏，我们还能展示自己的天赋、特长，甚至是激发自己的潜能。比如，有的人小时候喜欢给布娃娃做衣服，长大后就成了一名心灵手巧的服装设计师。

阿德勒给孩子们的建议

　　游戏与我们的精神之间的关系是非常密切的，我们要正确地看待游戏。玩游戏并不是在浪费时间，相反，它能培养我们在未来生存的能力。任何一个孩子在游戏中都会将其长大成人之后的某些特点表现出来。如果要全面、客观地评价一个人，一定要充分了解他的童年。

02

注意力分散会带来怎样的影响

注意力是精神活动的一个重要特点，注意力的好坏对我们实现目标有着巨大的影响。而且，注意力的集中会带来紧张感。比如，想要精准地投篮，就一定要集中注意力，同时也会产生紧张感，首要的表现就是视线会向目标聚集。注意力越集中，就越能排除其他干扰，从而顺利地实现目标或完成任务。

加油！你可以的！

你可能存在的疑问

啊！为什么就集中不了注意力呢？

注意力到底为什么会被分散啊？

会不会是太疲劳了？还是……

阿德勒有话讲

不同人的注意力存在明显的差异

为什么有的学生总是能认真听课，而有的学生却容易开小差呢？这是因为每一个人的注意力都是不同的，如果对看到的事物缺乏兴趣，注意力的集中程度会降低。

> 瞧！我们班那个学习委员坐了几个小时了，多专注啊！

> 为什么人与人之间的差距这么大呢？

唤醒注意力最重要的因素是兴趣

> 嘿，看看这本《笑背古诗词》吧，你一定会很专注的。

> 唉！太枯燥了，背着背着就走神。

如果你的注意力不容易集中，不妨从培养兴趣开始。兴趣是更深层次的心理活动，只要是感兴趣的事物，我们就会把更多注意力投入其中。比如，对学习感兴趣，你就会集中注意力钻研。相反，如果你对事物一点儿兴趣都没有，你的注意力就会不集中。

阿德勒给孩子们的建议

　　分散注意力很容易成为一种习惯。一旦形成这样的习惯，那么你在做不喜欢的事情时，就会拖延完成时间，或者只做一部分，甚至完全逃避，这会给其他人带来负担。所以，如果你经常有注意力分散的问题，一定要及时纠正哦！

03
什么是无意识行为

一个人很难意识到自己的心理活动所具有的意义，就像一个注意力集中的人反而很难说清楚自己为什么能同时注意到许多事物一样。我们的很多能力都是处于无意识领域的，虽然我们可以有意识地集中注意力，但只有在自己感兴趣的领域，我们才能真正做到这一点。而大多数情况下，"感兴趣"本身就是属于无意识领域的。所以，无意识行为是非常常见的。

> 刚才发呆了，在想什么呢？

> 我没有发呆啊！真的没有啊！

你 可 能 存 在 的 疑 问

> 难道她不知道自己有多爱慕虚荣吗？

> 或许她根本就意识不到自己很自负。

> 凭什么认为是我摔的？

> 平时就属你最会使坏，不是你是谁？

每个人对自身无意识行为的了解程度都不同

你一点儿也意识不到自己错了吗？

明明是你错了，我根本没有错！

在生活中，有的人对自身的无意识行为了解得比较多，这类人对很多人、事和想法都具有浓厚的兴趣，他们面对人生中的问题时，也能持客观且理性的态度；有的人则对自身的无意识行为了解得比较少，这类人的活动范围比较小，处理问题时也比较偏激、不理智。

想了解一个人，要善于观察其无意识行为

想要了解一个人，不仅要观察对方做出的那些有意识行为，还要观察那些无意识行为。

你刚才踩花坛了，违反校规！

我没踩，我就没踩。

阿德勒给孩子们的建议

我们每个人都愿意接受那些证明自己态度和行为合情合理的想法，而拒绝接受那些阻止自己行动的观念。或者说，我们有勇气接受对自身有价值的东西，并将它们存放于意识之中，而将那些不利于我们按自己意愿行事的想法推入无意识之中。虽然这样做并没有什么不妥，但不妨试着感受一下那些无意识的想法，说不定也会有收获哦！

04
梦是对现实生活的反映吗

如果说，梦可以反映出一个人的人格特征，你会相信吗？与歌德生活在同一时期的利奇坦伯格曾经说过："相比于一个人的行为和言辞，梦可以更轻松地让人推测出一个人的性格和本质。"虽然这个说法有些夸张，但是我们也不能完全否认。对于梦这种心理现象，我们不能做出单一的解释，而是要结合其他心理活动和行为模式来分析。

> 呀！宝贝，怎么看起关于解梦的书来了？

> 昨晚我做了一个梦，我想查查有什么含义。

你可能存在的疑问

> 给，看了这本书，你就明白你梦境的内涵了。

> 梦还有含义？我才不信呢！

> 日有所思，夜有所梦。梦是对现实生活的反映。

> 那为什么我的梦里没有现实生活中的场景呢？

过于依赖梦境，会让人难以洞悉问题的本质

梦里说我马上要发财，躺着等真好啊！

在探究我们精神的过程中，如果过于依赖梦境，会很难洞悉问题的本质。就像试图通过做梦或对梦的解析寻求超自然能力一样，是不切实际的。尤其是有些人相信梦对未来具有特殊意义，甚至认为梦可以影响现实的人生，这都是不正确的。

任何梦都不是轻易就能用言语解释清楚的

如果你做过梦，你就会发现，当你醒来时，你只记得梦里发生的事情的大概，而且很难用语言清楚地描述出来。其实，对梦的解释也一样，我们能够解释清楚的梦仅仅是极少数的，而大部分的梦所隐含的意义都是难以被弄清楚的。

你快点儿说呀，到底能不能说得出来？

昨晚的梦太精彩了，我怎么就描述不出来了呢？

阿德勒给孩子们的建议

　　不要过于相信梦所反映的含义。梦一方面表明做梦的人正在为解决生活中的某个问题而集中精力，比如为了考试而忙于复习、做题，这种压力使得梦境中也出现了紧张刷题的画面；另一方面也透露出处理该问题时，做梦的人倾向于采用的方式。

第六章

性格：决定我们面对挫折的勇气

01

性格的本质是什么

说起性格，我们都不陌生，有的人性格内向，有的人性格开朗……但是如果要大家解释一下什么是性格，或者说出性格的本质，这一定会难倒很多人。从专业的角度来说，性格就是一个人在努力与外部世界相适应的过程中形成的某种特定的表达模式，或者说是一个人在与所处的环境打交道时体现出来的特质和禀性。

> 您有时要我安静一点儿，有时又要我活泼一点儿，到底怎样的性格您才喜欢呀？

> ……

你可能存在的疑问

> 嘿！每天活泼一点儿多好啊！

> 活泼的样子就一定好吗？

> 在同一个家庭里成长，为什么性格会不一样呢？

爸爸, 什么样的性格特征最有用?

只有处于特定的社会环境中, 性格特征的价值才能体现。

我应该开朗一点儿。哦! 即使没有人会在意我的性格。

一个人在社会中生活, 其性格好坏非常重要。

明白这一点很重要哦!

哈哈, 性格不会遗传。

宝贝, 你可别遗传了你爸爸的固执哦!

性格不是由父母遗传的

一个人的性格不是由父母遗传的，而是在维持某种特定生活习性的过程中慢慢养成的。它是一种类似生存模式的东西，可以使我们在任何情况下无须有意识地进行思考就可以表现自己的个性。就像一个孩子特别爱睡懒觉，长此以往，他就容易变懒惰。

> 天哪！比我还能睡，家族也没有这遗传啊！

> 让我再睡会儿吧。

性格特征会受到家庭的影响

虽然性格并不来自父母的遗传，但是通过研究一个人的生长发育史可以发现，有一些性格特征是整个家庭共有的。这说明人的性格会受到家庭成长环境的影响，一家人在对彼此的模仿中获得了相似的性格特征。

> 哇！这小男孩和他叔叔的性格好像，真是一家人啊！

阿德勒给孩子们的建议

　　每个人的性格都不一样，我们不必为自己的性格过于焦虑，但也要对塑造性格足够重视。对于那些不好的性格，如果我们不加以改变，任由它们发展，将来它们就会给我们带来很多麻烦。要记住，性格是可以在后天改变的，我们在成长中不妨找一个理想的榜样，向优秀的人学习，不断完善自己的性格。

02

社会情感会影响性格的发展

我们每个人都与社会息息相关，每天都需要接触不同的人。如何才能与他人和谐相处呢？这需要我们拥有丰富的社会情感。一个人的社会情感，比如对交流的渴望，在他很小的时候就有所表现。社会情感的发展会受到自卑心理、家庭条件以及生理缺陷的影响，而这些也正是影响性格的因素。所以，社会情感对我们性格的发展有着重要的作用。

> 好希望可以和他们一起玩啊！

你可能存在的疑问

> 天哪，他一点儿社会情感也没有！

> 不帮忙就一定代表社会情感薄弱吗？

> 妈妈，真的是这样吗？

> 衡量一个人的价值的重要标准是这个人社会情感的发展程度。

妈妈，同桌摔倒了，我忍不住笑了起来，他就不跟我玩了。

你这样做说明你的社会情感薄弱，别人都会不喜欢你的。

妈妈，什么是社会情感呀？

是我们应该对他人怀有的情感！

请问你是如何做到大受欢迎的？

我懂人情。

我每一场表演都要对得起我的观众。

有人扶我一下吗？

真是值得学习的榜样！

每个人的社会情感不同，性格也存在差异。

阿德勒有话讲

社会情感是衡量一个人价值的重要标准

今天的表现很棒哦!

社会情感是衡量一个人的思想和行动是否对社会具有价值的重要标准,同时也是人与人联结的重要立足点。我们生活在人类社会中,需要遵循群体生存的共同规则。社会情感的发展让我们意识到自己需要为他人做些什么,越为他人着想,越能体现一个人的价值。

外在表现可以体现一个人社会情感的发展程度

如何判断一个人的社会情感的发展程度,我们可以从他的一举一动中看出来。比如,从一个人看人的方式,以及和他人握手或说话的方式,就可以看出来。需要注意的是,我们要尽量将直觉上升到意识层面,这样判断才能更准确。

老爷爷,您先请!

入口

谢谢! 你真是一个有爱心的小姑娘。

阿德勒给孩子们的建议

想要对一个人的社会情感或性格特征进行准确的判断，就一定要了解他的生活背景和生存环境。如果只从某一个方面进行评价，比如身体状况、行为举止等，那得出的结论就很容易与事实产生偏差。另外，正确地评价自身社会情感的发展程度，有利于我们做出正确的行为。

03
每个人都有不同的性格

你是不是会疑惑，为什么每个人的性格都不同呢？其实，我们出生后，性格在一开始就像一条直线一样，但是慢慢地就变成了曲线。因为我们在成长的过程中注定会遇到不同类型的障碍和困难，性格也因此向不同的方向发展，于是就有了乐观和悲观、外向和内向等性格。

> 爸爸，我以前安静又听话，为什么现在变得喜欢玩闹？

> 每个人的性格都会发生变化，相信自己，你会越变越好的。

你可能存在的疑问

> 妈妈，我和同桌的性格相近，可还是有很多不同。难道真的没有性格完全一样的人吗？

> 一个人的性格，最初就像一张白纸，每个人都会画出不一样的画。

> 当然没有！

> 那是什么原因让每个人的性格都不一样呢？

同一个人可能出现两种性格

一个人身上可能出现两种性格。比如，一个人在面对困难时，有时候表现得非常勇敢，直接解决问题；有时候则表现得很小心，不和对手直接交锋，而是用计谋获取成功，或者干脆逃避。这种情况在性格发展趋势还没有完全固定的孩子身上更为常见。

攻击型和防御型性格的区别

气势汹汹啊，还是避一避吧！

哼！今天一定要让你领教一下我的厉害之处。

性格还有攻击型和防御型的区别。攻击型性格的人举止激烈、行为豪放，有时候勇气十足，有时候强硬而冷酷；防御型性格的人通常比较谨慎，遇到困难容易退缩，而且对他人缺乏信任感。

阿德勒给孩子们的建议

　　影响我们性格发展的因素有很多，比如社会大环境、家庭环境、世态人情等，这些因素让我们的性格像一条曲线一样发展。不管最后会形成怎样的性格特征，小朋友们都要记住，你的性格是独一无二的，接受自己的性格，才能更好地认识自己哦！

04
你了解气质的类型吗

我们经常会用"气质"一词来形容一个人的外在形象，但是对"气质"到底指的是什么却很难说清楚。比如，有的人认为气质是一个人思考、说话或行动的敏捷程度，也有人认为它是一个人处理任务时的能力或节奏。就连心理学家对气质的解释也不充分，不过四种关于气质类型的理论却一直沿用到现在，这四种气质类型就是多血质、胆汁质、抑郁质和黏液质。

瞧！我这气质像不像一个绅士？

你这气质的确非常独特，简直无法用语言形容。

你可能存在的疑问

什么样的人一看就很有气质呢？

气质好的人一定有文化。

爸爸，高傲、灵动都是一种气质，气质到底是由什么决定的呢？

这……

四种气质类型各有特色

多血质的人常常表现得很快乐，他们总是看到事情美好的一面，这类人绝对是心智健康的人；胆汁质的人非常渴望权力，拥有外显、急躁的行为倾向，时刻展示自己的力量；抑郁质的人生性多疑，做事犹豫不决，不喜欢冒险；黏液质的人对任何人和事都缺乏兴趣，仿佛与生活脱节。

你会是哪一种类型呢？

我可以选两个吗？

内分泌腺分布的激素影响气质类型

内分泌腺包括甲状腺、肾上腺、垂体、松果体等组织机构，它们分泌的物质叫激素。人体所有的器官和组织在生长和活动的过程中，都受这些被血液带到全身每个细胞的激素的影响。

啊！竟然比我还专业。

气质类型受到内分泌腺活动的影响。

阿德勒给孩子们的建议

　　一个人的气质很少能被绝对判定为多血质、胆汁质、抑郁质或黏液质中的单独某一类，大多数情况下，我们会表现出两种及以上的气质类型。另外，我们的气质也并不是稳定的，而是变化和融合的。就像一个人的气质类型最初是胆汁质，之后变成抑郁质一样。所以，我们不用过于纠结自己属于哪一种气质类型哦！

第七章

嫉妒：让我们失去迎接挑战的勇气

01

比自己优秀的人就应该被嫉妒吗

如果你是一个有追求的
人，你的性格中就一定会有
嫉妒的痕迹。不管是追求权
力，还是追求优秀，当现实
与过高期望之间出现差距，
而且这种差距难以弥补的时
候，你就会产生嫉妒心理。
比如，你想当班长，可是却
落选了；你想考第一，可是

瞧，这龙舟
都画歪了，粽子的
形状也不好看！

不就是比你
画得好，至于处
处找碴儿吗？

同桌每次都比你考得更好，嫉妒就成了你最好的宣泄方式。那
么，我们真的要嫉妒比自己优秀的人吗？

你 可 能 存 在 的 疑 问

妈妈，为什么
要制定这么多规章
制度呢？

怎样才能看出
一个人是不是在
嫉妒呢？

因为人会嫉妒、
贪婪……有了制度，
人与人就能和平
相处了。

瞧！你脸色发青，
一定在嫉妒我吧！

来个果子尝尝吗?

哼!我一点儿也不稀罕!

来自9米高树上的新鲜果子,青壮年都摘不下来的新鲜果子。

爬不上去的,再好的果子也摘不到。

自己做不到,别人未必做不到。

为什么都不买我的果子呢?

您这高高在上的吆喝声,很难让顾客喜欢。

炫耀容易让人嫉妒啊!

您可以教我怎么摘到果子吗?与其嫉妒您的能力,我不如学会它。

走,我亲自示范给你看。

107

任何人都不能完全摆脱嫉妒的影响

当看到他人不断取得成功时，我们的嫉妒心理就会不断地滋生和膨胀，这种心理不会给我们带来任何快乐。虽然没有人喜欢嫉妒，但不嫉妒的人少之又少，甚至没有人可以完全摆脱嫉妒的影响。因为我们的心理还没有成熟到完全可以根除嫉妒的程度。

妈妈，怎样才能不嫉妒别人比自己优秀呢？

每个人都会有嫉妒心理，我们要勇敢正视。

将嫉妒转化为动力

要想消除嫉妒心理，最好的方法就是将嫉妒转化为动力。如果能做到这一点，不仅可以消除嫉妒心理，而且可以超越他人，成为优秀者。

把嫉妒转化为动力，下一次上台的一定是你！

阿德勒给孩子们的建议

　　一个被嫉妒蒙蔽心智的人，很可能做出不良的行为。这样的人会没完没了地向他人索取，或者不断地给他人制造麻烦。因此，小朋友们一定不要总是把嫉妒放在心里哦！如果身边有总是嫉妒你的人，也要与他们保持一定的距离，这样才能保护好自己。

02

怎样做一个不贪婪的人

贪婪也是一种不好的性格表现。这里所说的"贪婪"并不仅仅指一个人对钱财的喜爱，它的意思要广泛很多。简单地说，就是一个人对其他事物表现出的一种普遍的占有欲。过于贪婪的人会在自己的周围筑起一道墙，这样就可以保护他们的"财宝"。贪婪的行为总是令人生厌，因此，小朋友们要努力做一个不贪婪的人哦。

> 这一切都是我的！

> 太贪婪了！

你可能存在的疑问

> 爸爸，熬夜加班算不算一种贪婪的行为呢？

> 哈哈，这个问题……

> 嘿嘿，这样就安全了。

> 这样真的有用吗？

贪婪通常与虚荣心、嫉妒心理等同时存在

贪婪不会单独存在于一个人身上，它一方面和野心、虚荣心有关系，另一方面与嫉妒也有关系。也就是说，一个贪婪的人，他一定还有着不小的野心、虚荣心和嫉妒心理。因此，我们不需要厉害的读心术，就可以知道一个贪婪的人的所有性格特征。

哼！我才是公主，你们都得听我的。

不是说好了，大家轮流当公主吗？

"贪婪"也可以成为有价值的性格特征

时间宝贵，再坚持半个小时，我可以的！

说起贪婪，大多数人对它的第一印象都是不好的。但是，如果"贪婪"的对象是时间的话，那就有价值了。比如，一个人很珍惜时间，把每一分每一秒都充分利用起来，他就能比别人更快、更多地完成任务。

阿德勒给孩子们的建议

　　贪婪是每个人或多或少都存在的一种性格特征。当下，我们对时间、知识等越来越贪心。比如，我们总是希望尽量节约时间，在最短的时间内完成更多的任务，掌握更多的知识。这虽然是一件好事，但是我们也要注意掌握一个度，不然贪得越多反而越有可能一无所获哦！

03

憎恨是一种危险的心理

憎恨的心理非常危险，它是好战之人的一种性格特征。另外，憎恨的强烈程度可以反映出一个人的整体人格，不同的憎恨程度会给一个人的人格特征赋予不同的色彩。因此，我们可以通过观察和分析一个人的憎恨情绪来了解其内心世界。

憎恨

你可能存在的疑问

妈妈，我把同桌的笔弄断了，他可能会憎恨我，这可怎么办？

宝贝，同桌不会因此就憎恨你，但你应该及时道歉。

老师说你上课总是心不在焉，怎么回事？

我憎恨学习，为什么不可以不听课？

太可恶了!

宝贝,你这是怎么了呀?

我憎恨同桌,她总是打小报告。

憎恨只是一种心理状态,会有什么危害呢?

打小报告确实让人讨厌,不过憎恨的危害也很大哦!

就像这个气球,憎恨越积越多,就会"砰"的一声……

憎恨只会让自己难过,我要消灭它。

阿德勒有话讲

憎恨的表现形式是多样的

憎恨和虚荣一样，一方面，它不会以真面目示人，而是善于伪装或掩饰，表现得很温和，比如小声抱怨，或者只是默默地藏在心里；另一方面，憎恨也可以表现得非常强烈，比如大发雷霆、勃然大怒等。

> 把我的积木捡起来！

"过失行为"是憎恨的一种伪装形式

> 啊！你是不是故意报复我？

> 对不起我真的是不小心！

"过失行为"和真实行为并不一样，有着憎恨心理的人会借用"过失行为"进行报复，这样的"过失行为"就变成了蓄谋行为，或是潜意识的恶性行为。

阿德勒给孩子们的建议

　　无论是在生活中，还是在学习中，我们都会因为一些事情产生憎恨心理。比如，兄弟姐妹之间为了一个物品而争吵，同学之间因为开玩笑而互相伤害，等等，这些都会让我们产生憎恨心理。小朋友们一定要认识到，憎恨会使我们与身边人的关系变得很糟糕，因此，我们遇到矛盾时要及时解决，不要让憎恨留在心里。

第八章

逃避：只会让勇气离我们越来越远

01
逃避并不是明智的选择

离群索居的人常常选择逃避生活，他们平时少言寡语，甚至在众人面前根本不说话。他们在和别人交流的时候，不习惯直视对方的眼睛，也不喜欢倾听，总是心不在焉。在任何场合，他们都显得非常冷淡，摆出一副拒人千里的态度。这种冷漠的态度从他们握手的方式、说话的语调或打招呼的样子都可以看出来。

一点儿意思也没有！

你可能存在的疑问

妈妈，躲到山林里生活好吗？

逃避生活可不是你现在应该做的哦！

为什么要制造这样的隔阂呢？

小朋友，你怎么不去玩呢？

我还是不去玩了，免得被嘲笑。

我的腿不好，害怕他们不跟我玩。

瞧！我的腿和你的一样，这一点儿也没关系。

他们是害怕面对。

以前很要好的两个人，为什么会形同陌路呢？

所以他们彼此逃避，不愿在一起交流吗？

不逃避生活，我要到世界各处去看看。

好啊，爸爸和你一起去。

谢谢叔叔，我也要勇敢面对。

儿子，真聪明！

冷漠性格的背后藏着野心和虚荣

性格冷漠的人，背后是野心和虚荣的暗流。他们用冷漠这种姿态向大家宣布自己和大众是存在距离的，并企图通过强调自己与大众之间的差异来抬高自己，让自己获得优越感。其实，他们获得的只是一种虚假的荣誉。

> 哼！小小的胜利而已，你们迟早会成为我的手下败将。

社会群体也存在孤立特征

> 宝贝，这是领事馆，代表不同的国家。

> 妈妈，为什么这一个地方有不同风格的建筑啊？看起来好特别。

一个人可以拒绝与他人来往，让自己孤立。社会群体也具有孤立特征。比如，你到一个陌生的城市，看到的不同风格的建筑其实就代表着不同的社会群体，这些社会群体之间是存在隔阂的。

阿德勒给孩子们的建议

孤立和隔阂会带来不好的后果。就像有的地区社会情况复杂，各个群体之间有着难以调和的矛盾，这给那些喜欢挑拨离间的人提供了机会。这些人不断在各个群体之间挑起事端，借助这种方式来突显自己的优越和聪明。因此，我们要抛弃离群索居、避世、自我隔绝的思想，而应更多地融入集体。有交流才会减少矛盾，增进友好的关系。

02
学会消除那些令人焦虑的想法

焦虑是一种相当普遍的情绪，过于焦虑会让我们失去享受平静生活的能力和为世界做出卓越贡献的信心。有的人会因为害怕面对外部世界而焦虑，有的人会因为不敢审视自己的内心而焦虑。焦虑对我们的影响是巨大的，我们要试着在生活中消除焦虑。

> 什么时候才能下雨啊？

> 为不下雨而焦虑真是傻啊！

你可能存在的疑问

> 爸爸，人为什么一遇到事情就焦虑呢？

> 因为害怕做不好，所以会焦虑。

> 到底怎样才能远离焦虑呢？

焦虑 焦虑 焦虑

阿德勒有话讲

焦虑会让人总是回忆过去或考虑生死问题

焦虑的人总是喜欢回忆过去，因为回忆过去就是在自我放逐，沉浸在回忆之中可以减轻当下的焦虑感。另外，过于焦虑的人对疾病和死亡充满恐惧，他们甚至会夸张地宣扬生命转瞬即逝，认为一切事物都是虚无的。

> 哦！生命、死亡，一切都是虚无的。

> 先生，您不必如此焦虑。

儿童对独处的恐惧是焦虑最原始的表现

> 妈妈，您怎么才来？我好害怕啊！

> 宝贝，对不起，让你担惊受怕了。

相信小朋友们都有独处的经历。当身边一个人也没有的时候，我们就会因为恐惧而焦虑。尤其是在黑暗中或夜幕降临的时候，这种焦虑格外明显。这个时候，如果爸爸妈妈回来了，焦虑也就消失了。可见，我们最初的焦虑是从恐惧开始的。

阿德勒给孩子们的建议

生活中导致焦虑的因素有很多，但大多数的焦虑都来自胆怯，比如因担心考试成绩而感到的焦虑，因害怕社交而产生的焦虑等。如果你有胆怯的心理，那么在任何时候你都会尽可能地逃避与别人的交往，这对成长是不利的。因此，想要消除焦虑，不妨先勇敢起来吧！

03

勇敢地从懦弱中走出来

懦弱的人对自己面临的任何问题都缺乏信心。他们对自己的能力不够自信，而且做事情的时候总是行动缓慢，每当面临考验或任务的时候，很难干脆利落地做好分内的事情，甚至停滞不前。另外，懦弱的人还非常谨慎，有着很强的安全意识，他们将大量的心思用在保护自己这一方面。可以说，这样的性格对我们来说是弊大于利的。

> 我真的行吗？会摔下去吗？

> 离地面只有1米，而且下面还有网保护你。

你可能存在的疑问

> 记住，这张球台只有我可以玩！

> 是什么让一个人的性格变得懦弱呢？

> 儿子，你不舒服吗？

> 我不敢告诉父母。

> 你是不是遇到什么事了？可以和爸爸妈妈交流。

阿德勒有话讲

懦弱性格带来的"好处"

就像悲观主义也有积极的一面那样，懦弱的性格对懦弱的人来说也有"好处"。比如，懦弱的人在没有任何思想准备的情况下做一件事情，就算失败了，在别人眼里也是情有可原的，这样，他的人格和虚荣心就不会受到伤害，甚至会觉得心安理得。其实，这都是他为自己找的借口。

我太弱了，败了也不遗憾。

实力太悬殊！

懦弱的人习惯逃避问题

性格懦弱的人还善于通过心理迂回来逃避生活中的问题。比如，他们告诉自己事情很难，就是为了可以让自己不去处理问题。在这种迂回的态度中，可以看出他们拥有懒惰、好逸恶劳、散漫等不良习惯。

嘿嘿！真是个好玩具。

明……明天……再要回来吧！

阿德勒给孩子们的建议

一味逃避问题的人是很难在社会上立足的。拥有懦弱性格并不可怕，我们可以通过一些方法去改变。比如，遇到问题时不要畏手畏脚，而是勇敢地付诸实际行动，只要迈出了第一步，接下来就有无限可能。正视自己，消除心理上的自卑，客观看待自己的性格，发挥自身优势，弥补自身劣势，每个小朋友都可以变得越来越优秀。

第九章

勇气：让我们越成长越优秀

01

保持开朗，传递快乐

生活总是欢乐与苦恼并存，但你可以选择微笑。如果你是一个快乐的人，就会把快乐传递给他人，你会因为风趣幽默而赢得更多人的关注，他人也会对你放下防备，并觉得你是一个非常有同情心和人情味的人。另外，一个人为他人带去快乐的程度，还可以反映其社会情感的发展水平。可见，保持开朗、传递快乐是一件多么重要的事情。

> 哈哈哈！太滑稽了！

你可能存在的疑问

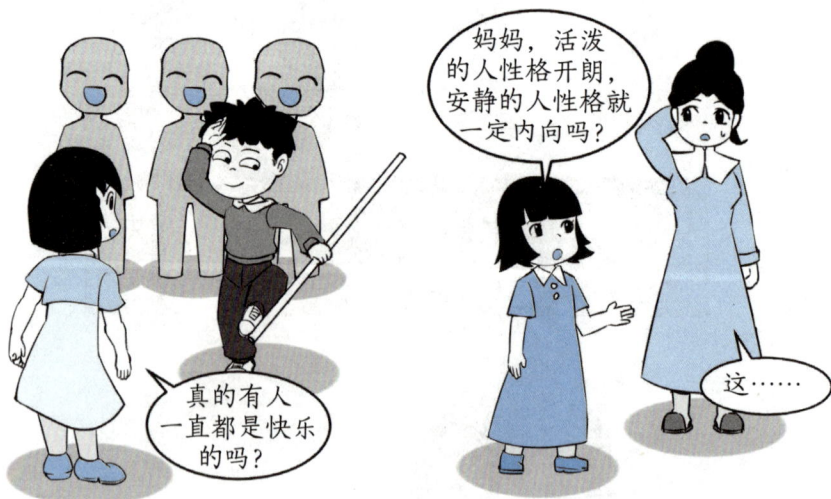

> 真的有人一直都是快乐的吗？

> 妈妈，活泼的人性格开朗，安静的人性格就一定内向吗？

> 这……

阿德勒有话讲

笑声可以反映出一个人的性格

"笑声比乏味的心理测试结果更能反映一个人的性格"，那些看上去一直兴高采烈，从不沮丧和忧心忡忡，就算心情很糟糕，也不会在他人面前表现出烦恼的人，性格通常是开朗的。

> 嗨！周末愉快啊！

> ……

微笑可以建立人际关系，也可以破坏人际关系

> 嘿，你的球技不错呀，学会"踩风火轮"了。

微笑可以有很多种含义。有的微笑是发自内心的，是对他人的真情流露，这样的微笑可以拉近彼此之间的关系；而有的微笑充满了幸灾乐祸，甚至是挑衅的意味，这样的微笑会让人极不舒服，会破坏彼此之间的关系。

阿德勒给孩子们的建议

童年是美好的，充满着欢声笑语。但我们依旧会遇到一些浑身"负能量"的人，比如那些习惯让人扫兴、爱捣乱的人，他们总是把小小的困难夸大，总是在别人开心的时候泼冷水，甚至说一些冷嘲热讽的话，因为他们看不惯别人比自己过得好。所以，小朋友，如果你身边有这样的人，请尽量远离他们吧！

02
为什么独立性容易丢失

大多数时候，我们需要听从老师、父母等长辈的话，但这并不意味着我们是只会服从他人的人。实际上，一味地服从并不是一件好事。那些逆来顺受，总是在别人面前点头哈腰，表现得非常谄媚的人，未来是很难胜任富有创造性的工作的。所以，你一定要记住，过于听命于人并以此为乐的性格是不健康的。

交代你的事都办好了吗？

办好了，办好了！

你 可 能 存 在 的 疑 问

不盲目服从，才能保持独立性！

？？？

盲目地服从，会失去自我！

学会服从，社会才有秩序！

服从会让一个人习惯于依赖别人

如果一个人觉得听命于人是一件非常光荣的事，并能从中找到快乐，这是一种非常不好的倾向。因为如果一个人把服从当作生活中的一条行为准则，时间一长，他就会习惯于依赖别人，也会丧失社会价值。

> 在小组活动中，你应该提出一些自己的想法。

> 你说什么就是什么，我一直都是按照你的想法来做的。

人人生而平等是我们追求的目标

在古代，有着区分贵族与奴隶的阶层制度，奴隶绝对服从于贵族。虽然这样的制度已经消失了几百年，但依旧有很多人受到奴隶与贵族思想的影响，服从依旧存在。因此，人人生而平等的思想是我们的追求目标，也是文明进步的体现。

阿德勒给孩子们的建议

　　一个只会服从他人的人，会为自己的服从不停地辩解，并强调自己是有价值的。另外，他们表面上看起来很快乐，但实际上大多数时候他们都是不快乐的，他们只会在对他人感恩戴德时感到短暂的快乐。我们不要被他们表面的快乐所蒙蔽，更不要觉得做个一味服从的人是快乐的，否则很容易失去自我。

03

积极的情绪才能带来快乐

有的人认为，我们对待生活的态度和方式是由情绪、气质决定的，而情绪和气质是遗传而来的，这种认识是错误的。一个人的情绪和气质，会受到心理活动的影响。那些虚荣心强、过度敏感的人容易对生活不满，情绪变化大，因此难以获得快乐。

> 宝贝，你怎么不快乐呀？

> 同桌说我的字像螃蟹走路，太气人了！

你可能存在的疑问

> 每天都有学习任务，怎样才能保持积极态度？

> 情绪烦躁可练不好字哦！

> 这么烦躁为什么还要练字？

阿德勒有话讲

积极情绪让生活充满欢乐气氛

拥有积极情绪的人，看起来总是很开心。他们开朗阳光，总是看到生活的光明面，努力营造欢乐的气氛。他们遇到问题时不逃避，而是以一种洒脱的心态去完成，这样的心态可以说是非常完美的。

瞧！我放得多高呀！

开心才是最重要的事情。

情绪过于放纵会给他人不好的印象

哈哈，太有意思了！

我们是在学习，不是来搞笑的！

虽然积极的情绪很可贵，但如果快乐过了头，在严肃的场合也嘻嘻哈哈，就很容易给别人留下不好的印象，比如认为你做事不可靠，太过轻浮，难以承担重要的任务。因此，保持适当的情绪也很重要。

阿德勒给孩子们的建议

在生活和学习中，我们会遇到各种各样的人和事。这些人和事会使我们的情绪像天气一样，有时候晴朗，有时候阴沉。我们要做的就是尽量保持积极的情绪，这样与身边的人相处，才会让彼此获得快乐。如果我们整天哭丧着脸，只关注那些不开心的事，那么一定不会有人喜欢跟我们玩，我们也会变得越来越孤独哦！

04
赶走厄运，不为失败找借口

喜欢我行我素的人，往往都容易栽跟头。因为一旦对生活中的真理和必然规律熟视无睹，那么早晚会为自己的行为付出代价。通常，这样的人不善于在错误中吸取教训，而是将不幸归咎于运气不好，并且极力向别人证明不幸是导致自己失败的根源，甚至会为自己的不幸感到自豪，因为这样就可以给失败找到理由。这样的想法，小朋友们可不要有哦！

> 告诉你可乐不能摇晃，你偏不听。

你可能存在的疑问

> 生病了就不用参加英语角，多好啊！

> 你生病了为什么还这么开心？

> 我们快走吧！这闪电一定是冲我来的。

> 你想多了吧？

总是以不幸为借口，容易产生消极心理

如果一个人认为自己是不幸的，那么他就会一直处于被动的处境。有这种感觉的人会认为这是敌对力量在对自己进行报复，甚至幻想自己是坏人的猎物。实际上，他们之所以会这样想，仅仅是因为好强，不愿意承认失败。

> 每次状态都不好，一定是有人诅咒我。

悲观心态是导致失败的重要因素

> 2分的差距我还追得上吗？

> 哼！我赢定了。

悲观会在人的行为上体现出来。有些悲观的人走路像是负重前行，弯腰弓背，仿佛这样才能让人看出他们肩负的重担。虽然他们认真对待每一件事情，但态度却是悲观的，这也是导致他们一事无成的原因。

阿德勒给孩子们的建议

任何事物都有其规律性。小朋友们在做一件事情的时候要学会遵循一定的准则哦！如果毫无章法，或者一味按照自己的想法去做，那失败的概率就会大得多。另外，任何时候都不要为失败找借口，更不要认为是厄运或不幸降临，而是应该正确看待失败，保持积极乐观的心态，这样才能在未来获得成功。